LES

APPAREILS MÉTÉOROLOGIQUES

ENREGISTREURS

A L'EXPOSITION UNIVERSELLE DE 1867

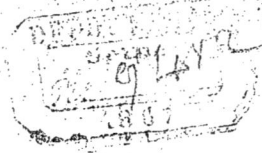

PAR

A. F. POURIAU

DOCTEUR-ÈS-SCIENCES, SOUS-DIRECTEUR ET PROFESSEUR A L'ÉCOLE D'AGRICULTURE DE GRIGNON

Extrait des Études sur l'Exposition.

PARIS

LIBRAIRIE SCIENTIFIQUE, INDUSTRIELLE ET AGRICOLE

EUGÈNE LACROIX, ÉDITEUR

LIBRAIRE DE LA SOCIÉTÉ DES INGÉNIEURS CIVILS

QUAI MALAQUAIS, 15

1867

APPAREILS MÉTÉOROLOGIQUES ENREGISTREURS

A L'EXPOSITION UNIVERSELLE.

Par M. A.-F. POURIAU,

Docteur ès sciences, Sous-Directeur et Professeur à l'École impériale d'agriculture de Grignon.

(Pl. LXV.)

11[1]

II. — ÉTATS PONTIFICAUX.

Météorographe du R. P. Secchi, directeur de l'Observatoire du Collége romain, à Rome.

La machine météorographique exposée par le R. P. Secchi a pour objet d'enregistrer les principaux phénomènes météorologiques relatifs à la pression atmosphérique, la direction et la vitesse du vent, la pluie, l'humidité et la température.

Cet enregistrement se fait automatiquement et d'une manière continue par des crayons qui tracent des traits non plus sur un cylindre comme dans la machine précédente, mais sur des tableaux verticaux auxquels un mécanisme convenable communique un mouvement lent et uniforme.

Ce météorographe offre deux faces principales A et B représentées en élévation dans les fig. 1 et 2 [2].

Première face A (fig. 1, Pl. LXV).

La première face porte un tableau destiné à l'enregistrement des phénomènes suivants :

1° La température des corps exposés à l'action directe du soleil ;
2° La vitesse et la direction du vent ;
3° Les oscillations barométriques ;
4° Les heures auxquelles ont lieu les précipitations aqueuses.

Seconde face B (fig. 2, Pl. LXV).

Les phénomènes météorologiques inscrits sur le tableau de la seconde face, sont :

1° Les variations de température, dans l'air et à l'ombre, de deux thermomètres, l'un sec, l'autre humide ;
2° Les heures des précipitations aqueuses;
3° Les oscillations barométriques.

---

1. Voir le 4ᵉ fascicule des *Études sur l'Exposition*, page 342.

2. Par une erreur dans le dessin de la planche LXV, la figure 1 porte le n° 2, et la figure 2 porte le n° 1.

Ces deux dernières indications sont les mêmes que celles enregistrées dans le tableau précédent ; seulement, les courbes relatives à ces phénomènes sont tracées sur le tableau de cette seconde face à une échelle différente, comme nous le verrons plus loin.

Des tableaux destinés à l'enregistrement.

Ces tableaux visibles dans les fig. 1 et 2 sont des cadres verticaux sur lesquels sont tendues des feuilles de papier quadrillé ; ils sont animés tous deux d'un mouvement uniforme, mais dont la vitesse est différente pour chacun ; le premier, celui de la face A, mettant dix jours pour effectuer sa course, tandis que le second n'en met que deux.

Le mouvement de ces tableaux étant réglé par une horloge, on comprend qu'il suffit de connaître le chemin parcouru par chaque tableau dans l'espace d'une minute, par exemple, pour qu'il soit facile de rapporter chaque phénomène météorologique à l'heure exacte à laquelle il s'est produit.

Le tableau de la face A descend de 1 millim. et demi par heure, tandis que celui de la face B parcourt 5 millim. dans le même temps ; les courbes tracées sur le premier tableau sont donc beaucoup plus resserrées que celles tracées sur le second.

INSTRUMENTS ENREGISTREURS DE LA FACE ANTÉRIEURE A. (fig. 1.)

1° Thermomètre métallique (fig. 3).

La détermination de la température des corps exposés à l'action directe des rayons solaires s'effectue à l'aide d'un thermomètre métallique, composé d'un gros et long fil de cuivre tendu à l'air libre. Le fil est partagé en deux parties ;

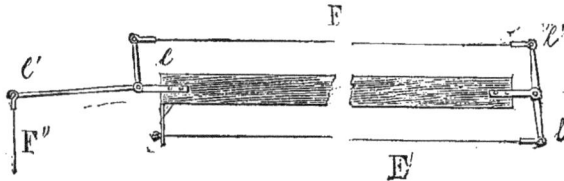

Fig. 3.

F, F', et ses dilatations ou contractions sont transmises à l'appareil enregistreur par l'intermédiaire d'un levier multiplicateur ll' et d'un autre fil métallique F″ qui va aboutir à un levier à fourchette destiné à imprimer à la tige b (fig. 1) et à son crayon a un mouvement horizontal, pendant que le tableau quadrillé exécute sa descente.

Au Palais de l'Industrie, chaque fil F, F' a huit mètres de longueur, ce qui explique pourquoi il est représenté interrompu (fig. 3). Les deux fils F, F', étant exposés, pendant le jour, à l'action directe des rayons solaires, éprouvent dans leur longueur des variations considérables qui se traduisent sur le tableau par de grandes inégalités dans la courbe de la température ; on peut en juger en jetant les yeux sur la fig. 3, Pl. LXV, à la colonne intitulée : Termometro metallico.

Il paraît qu'à Rome le fil de cuivre, long de 17 mètres et d'une épaisseur de 5 millim. 5, est tendu à l'ombre à 50 centim d'un mur. A l'Exposition univercelle, les difficultés d'installation du thermomètre métallique n'ont pas permis de placer le fil F à l'abri des rayons solaires et ont nécessité l'intervention d'un autre fil F‴ très-long, et destiné à transmettre au crayon a les variations de longueur du premier; il en résulte que le thermomètre métallique est considéré à Paris, comme devant indiquer la température des corps exposés au soleil. — On comprend que dans ces conditions l'installation de cet instrument laisse beaucoup à désirer, et que les changements de longueur du fil F′ doivent influer notablement sur les résultats, mais moins cependant que si le fil F′ lui-même était exposé à l'ombre comme le fil F″.

2° Direction et vitesse du vent.

L'indication de la direction du vent est fournie par un anémomètre enregistreur, dont les dispositions rappellent, sous beaucoup de rapports, celles adoptées par M. du Moncel [1].

Cet anémomètre se compose d'une girouette G, de forme angulaire, fixée à l'extrémité d'un arbre plus ou moins élevé A.

Dans son mouvement de rotation, cet arbre entraîne avec lui une languette l,

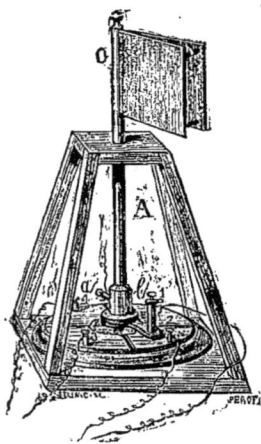
Fig. 4.

qui se meut alors sur une rose des vents, composée de quatre secteurs métalliques garnis de platine, isolés les uns des autres et correspondant aux quatre points cardinaux.

Comme dans l'appareil décrit dans notre premier article, chacun des secteurs 1, 2, 3, 4 est mis en communication avec un électro-aimant E (fig. 4), tandis que l'autre fil de la pile vient aboutir à l'arbre de la girouette en a (fig. 4).

Il en résulte que, suivant la direction de la girouette ou la position de la languette l sur la rose, l'un des quatre électro-aimants fait osciller l'une des tiges L, dont le crayon O inscrit alors le vent correspondant. Cet enregistrement se traduit par des lignes horizontales et parallèles que le crayon trace d'un mouvement rectiligne alternatif tant que le vent souffle dans la même direction. (Voir fig. 1 et 3, Pl. LXV.)

Le courant qui passe par les électro-aimants est alternativement interrompu et rétabli par un mécanisme analogue à celui de la fig. 5 (1ᵉʳ article); seulement, au lieu d'une

[1]. Le premier article que nous avons publié (dans le 4ᵉ fascicule) sur les instruments météorologiques enregistreurs, n'a pas satisfait M. du Moncel qui nous reproche de ne pas avoir signalé la part qui lui revient dans l'invention des anémométrographes électriques. Quelques lignes explicatives suffiront, je l'espère, pour démontrer à M. du Moncel que sa réclamation est loin d'être fondée.

En effet, le titre même du travail que je publie dans ces Études : Les appareils météorogiques enregistreurs à l'Exposition universelle indique suffisamment que je n'ai en vue que la description des instruments de ce genre qui figurent à l'Exposition.

Or, après avoir examiné les divers météorographes exposés, j'avais retrouvé les principes des appareils imaginés par M. du Moncel, non pas dans l'anémométrographe précédemment décrit, mais dans celui qui fait partie de la grande machine du P. Secchi, et je me propo-

lame élastique c'est un ressort à boudin, placé au-dessous de la tablette servant de support à chacun des électro-aimants, qui ramène la tige L dans sa position verticale, lorsque le courant est interrompu.

Enregistrement des vents intermédiaires.

On comprend que l'enregistrement des vents intermédiaires pourrait s'obtenir très-facilement à l'aide d'une languette bifurquée, semblable à celle qui figure dans l'appareil précédemment décrit (fig. 3). Quand cette languette se trouverait à cheval sur la ligne de séparation de deux secteurs contigus, le courant circulerait dans deux électro-aimants à la fois, deux tiges L seraient mises en mouvement simultanément, et leurs crayons traceraient au même instant une série de traits parallèles et en regard les uns des autres. Le R. P. Secchi n'a pas adopté cette disposition ; il préfère juger de la direction des vents intermédiaires qui ont pu souffler dans le cours de la journée, en suivant une méthode toute particulière que nous allons indiquer.

Quand un vent possède une direction intermédiaire, NO par exemple, ce courant d'air, dit le R. P. Secchi, ne reste pas invariablement dans la même direction pendant tout le temps qu'il souffle : il incline tantôt vers le Nord, tantôt vers l'Ouest, et souvent ces deux directions succèdent l'une à l'autre dans un temps très-court. Il en résulte que, dans ce même temps, la languette l passe du secteur N au secteur O ou réciproquement, et, par suite, que les crayons fixés aux leviers L correspondants tracent dans chacune de leurs colonnes respectives des traits sensiblement en regard les uns des autres et dont la presque simultanéité indique par cela même qu'à ce moment de la journée, le courant d'air a suivi une direction intermédiaire.

De plus, les traits de crayon tracés dans ces circonstances dans les colonnes du tableau mobile sont toujours plus pâles que ceux qui correspondent à une direction unique du vent; la fig. 3, Pl. LXV, qui n'est que le *fac-simile* d'observations enregistrées à l'Observatoire romain, indique clairement le fait.

Vitesse du vent.

La vitesse du vent est donnée par un moulinet de Robinson semblable à celui que nous avons décrit dans notre premier article (quatrième fascicule, fig. 2), mais auquel on a ajouté le mécanisme suivant :

L'arbre A coupé dans la fig. 5 porte à son extrémité supérieure quatre rayons horizontaux terminés par des demi-sphères creuses en métal.

En E se trouve fixée sur cet arbre une bague *excentrique* qui, en tournant, vient rencontrer une lame flexible et métallique l. Quand cette lame repose sur l'axe horizontal O, le courant est fermé ; quand, au contraire, l'excentrique en tournant éloigne la lame de cet axe, le courant est interrompu. M n est un cylindre de verre destiné à isoler l'axe O de la partie métallique inférieure à laquelle vient aboutir l'un des électrodes de la pile.

suis de signaler cette ressemblance dans mon second article; je le fais aujourd'hui, tout en regrettant que M. du Moncel ne m'ait pas attendu.

Je laisse à d'autres le soin de traiter la question des météorographes, au point de vue historique, mais ceux de nos lecteurs que ces détails intéressent pourront consulter avec fruit les savants articles que M. Radau publie sur ce sujet, dans le *Moniteur scientifique* et le *Bulletin de l'Académie des sciences*.

L'appareil peut être mis en communication avec 3 compteurs i, i' i'' munis chacun d'un électro-aimant H, H′ H″ (fig. 1, Pl. LXV).

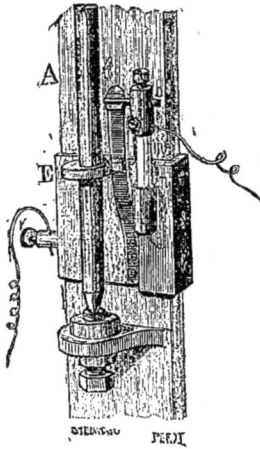

Fig. 5.

Le compteur central i' est destiné à indiquer le nombre de tours fait par le moulinet, dans un temps donné, et quelle que soit la direction du vent. A cet effet, ce compteur est en relation constante avec le courant, et comme à chaque tour du moulinet, pour une position déterminée de l'excentrique, le courant se trouve fermé, la roue à échappement du compteur avance alors d'une dent sous l'influence de ce courant.

Chaque tour du moulinet correspond à une vitesse de vent égale à 10 mètres par exemple : si la roue du compteur central a 100 dents, quand celle-ci aura fait un tour entier, ce tour correspondra à un chemin parcouru par le vent égal à 1 kilomètre.

D'autre part, lorsque cette roue du compteur central i' a fait un tour entier, l'aiguille du deuxième cadran n' de ce compteur avance d'une division, de telle sorte que ce deuxième cadran totalise les kilomètres parcourus jusqu'à concurrence de 300.

Quant aux deux autres compteurs i et i'', on peut les employer à étudier deux vents de direction quelconque, ceux, par exemple, qui soufflent le plus fréquemment dans la localité où l'on se trouve.

Enregistration de la vitesse sur le tableau mobile.

L'enregistration de la vitesse sur le tableau mobile de la figure 1 s'obtient à l'aide d'un mécanisme particulier dont nous allons donner ici un détail spécial (fig. 6) afin de rendre la description plus intelligible.

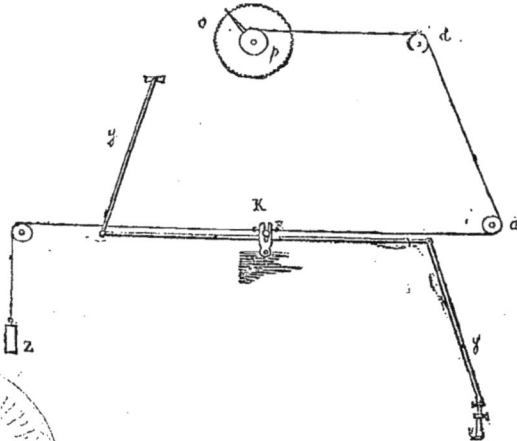

Fig. 6.

Les lettres de cette figure se trouvent reproduites dans les deux vues de face, fig. 1 et 2 (Pl. LXV.)

Sur l'arbre qui porte une des roues du compteur central i se trouve une poulie *p* reliée par une dent *o* à une roue à rochet fixée également sur le même arbre. A cette poulie est attachée une chaîne qui agit, au moyen de poulies de renvoi *d d*, sur un crayon *k*, solidaire d'un parallélogramme formé par les tiges articulées *y*. A ce même crayon *k* est attaché un contre-poids *z*. Quand, par suite du mouvement de l'air et de la fermeture du courant, l'arbre qui porte la roue du compteur central tourne, il entraîne dans son mouvement la poulie sur laquelle s'enroule alors une longueur de chaîne proportionnelle à la vitesse de rotation de tout le système.

Par suite de cet enroulement, le crayon *k* trace sur le tableau quadrillé une ligne horizontale dont la longueur est en rapport avec celle de la chaîne enroulée, et ce tracé se continue ainsi pendant une heure.

Ce temps écoulé, au moment où l'heure sonne, un déclanchement interrompt la solidarité de la roue à rochet et de la poulie qui devient *folle* et alors le contre-poids *z* n'étant plus retenu, descend en entraînant avec lui le crayon qu'il ramène à son point de départ, c'est-à-dire sur une ligne qui sert de base à toutes les ordonnées indicatrices de la vitesse du vent pendant une heure.

Au moment où le crayon est revenu à son point de départ, la poulie cesse d'être *folle*; le crayon recommence alors sa course dans le même sens et ainsi de suite, de telle sorte que l'on obtient 24 traits par jour dont la longueur est évidemment proportionnelle à la vitesse du vent, car plus le vent est rapide, plus la longueur de chaîne enroulée sur la poulie est considérable et plus enfin le chemin parcouru par le crayon est grand.

Indication des heures des précipitations aqueuses.

Les heures auxquelles se produisent les précipitations aqueuses sont enregistrées sur les tableaux des deux faces A et B à l'aide des dispositions suivantes :

Sur un point quelconque du bâtiment se trouve installé un pluviomètre ordinaire dont le tube inférieur vient aboutir à un appareil analogue à celui de la fig. 7 et que nous avons décrit dans notre premier article.

Fig. 7.

Comme nous l'avons dit précédemment, c'est le mouvement de rotation de l'auge A A' autour de son axe qui ferme le circuit et rétablit le courant toutes les fois que l'un des deux réservoirs A ou A' a reçu une quantité d'eau suffisante.

Or, chaque fois que le courant est rétabli, il passe dans la bobine de l'électro-aimant S (fig. 1); le contact est alors attiré, et avec lui la tige u qui communique alors un mouvement rectiligne au crayon situé à l'extrémité de la tige t. Aussitôt que l'aiguille a (fig. 7) est sortie du mercure, le courant est interrompu, le contact cesse d'être attiré par l'électro S, et le crayon revient à sa position première. Dans la fig. 2, l'électro S est destiné à jouer le même rôle.

Mesure de la quantité d'eau tombée.

A l'inverse de la marche adoptée par le P. Secchi pour l'enregistration de toutes les autres indications météorologiques, les quantités de pluie tombée ne sont pas notées sur les tableaux verticaux des figures 1 et 2, mais sur un disque spécial situé en dehors de l'appareil et à l'aide du mécanisme suivant :

La pluie recueillie est amenée à l'aide d'un tube dans un réservoir R (figures 1 et 2, Pl. LXV) placé dans le soubassement de la machine. Le niveau liquide, en s'élevant, soulève un flotteur f muni d'un index qui se meut le long d'une règle graduée r. La tige f du flotteur porte une chaîne qui s'enroule sur une poulie circulaire p garnie d'un disque en papier sur l'une de ses faces (fig. 2). Quand le flotteur s'élève, un poids (invisible dans la figure) fixé à l'extrémité de la chaîne, s'abaisse et communique à la poulie un mouvement de rotation tel que l'angle dont cette poulie tourne est proportionnel à l'élévation du niveau liquide dans le réservoir.

D'autre part, un crayon i (fig. 2) est disposé perpendiculairement à la surface du disque en papier qui recouvre une des faces de la poulie et il est maintenu vertical à l'aide d'une petite chaîne dont une des extrémités est attachée au tableau vertical qui descend, et l'autre à un poids q.

Enfin, les choses sont combinées de façon que le crayon entraîné par le tableau puisse s'avancer sur le disque de papier dans le sens d'un rayon de la roue et avec une vitesse de 5 millimètres par heure qui est celle du tableau même.

De l'ensemble de ce mécanisme, il résulte que tant qu'il ne pleut pas, le crayon avance simplement sur le disque en traçant une ligne droite, tandis que lorsqu'il pleut, par suite de la rotation du disque, ce même crayon trace un arc de cercle égal au déplacement angulaire du système et proportionnel à la quantité d'eau qui a pénétré dans le réservoir. Pour déterminer cette hauteur d'eau tombée, il suffit donc de connaître le rapport des diamètres du réservoir et de l'entonnoir du pluviomètre.

Dans l'appareil du P. Secchi la surface du réservoir est quatre fois plus petite que celle de l'entonnoir, de telle sorte que la hauteur de pluie étant quadruplée dans ce réservoir, les mouvements du flotteur et par suite ceux du disque sont rendus très-sensibles.

On ne se rend pas bien compte pourquoi le R. P. Secchi a adopté pour la pluie un appareil spécial dont les indications sont enregistrées en dehors des tableaux verticaux et mobiles. Il nous semble que c'est là un luxe inutile de mécanisme et que les traits tracés sur les 2 tableaux par les crayons des tiges t seraient suffisants pour permettre de calculer la hauteur d'eau tombée, absolument comme les points marqués sur la feuille de l'appareil précédemment décrit (quatrième fascicule) fournissent le moyen de le faire.

Nous avons vu, en effet, que dans l'appareil destiné à l'école de Grignon, le poids d'eau nécessaire pour faire basculer l'appareil AA' (fig. 7) était de 40 grammes et que ce poids représentait 1 millimètre de hauteur d'eau tombée dans le pluviomètre. Il aurait donc suffi d'effectuer préalablement la même détermination avec l'appareil Secchi pour avoir ensuite le droit de considérer chaque trait horizontal tracé par le crayon de la pluie sur un des tableaux comme correspondant à une hauteur d'eau de *tant* de millimètres tombée dans le pluviomètre.

Baromètre. (Fig. 1 et 2, Pl. LXV.)

Le baromètre qui fait partie du météorographe que nous décrivons ici, est le baromètre à balance dont la première idée due à Morland remonte à la fin du dix-septième siècle et que le R. P. Secchi a approprié à l'enregistrement mécanique.

Ce baromètre se compose d'un tube barométrique B en fer forgé et travaillé comme un canon de fusil; il porte à sa partie supérieure une chambre cylindrique, et à la partie inférieure un manchon T en bois qui plonge d'une certaine quantité dans la cuvette W remplie de mercure.

Le tube a 2 centimètres de diamètre, la chambre cylindrique supérieure 6 centimètres et le manchon inférieur un peu moins de 6 centimètres. Ce tube est suspendu à l'une des extrémités *l* du fléau d'une balance et un poids (invisible dans la figure) fixé à l'autre extrémité du fléau fait équilibre à une partie du poids du baromètre tandis que la poussée du mercure déplacé dans la cuvette équilibre l'autre partie.

Dans ces conditions, si la pression atmosphérique vient à augmenter, le mercure s'élève dans le tube barométrique ; celui-ci augmente alors de poids, l'équilibre est rompu et le baromètre s'enfonce dans la cuvette en entraînant avec lui le bras du fléau auquel il est suspendu, jusqu'à ce que par suite du relèvement de l'autre bras *l'*, l'équilibre soit rétabli. Si la pression diminue, le contraire a lieu. Pour maintenir le tube dans la direction verticale pendant qu'il effectue ces oscillations, une tige *l''* parallèle au bras de levier *l* de la balance, saisit le tube un peu au-dessus du manchon et le guide ainsi dans sa course.

Quant à l'enregistration des variations barométriques, elle s'effectue par l'intermédiaire d'un parallélogramme de Watt fixé à chaque extrémité prolongée de l'axe de rotation du balancier. A la base de chacun de ces parallélogrammes se trouve attaché un ressort *i* qui supporte un crayon destiné à tracer la courbe qui correspond aux divers mouvements du tube barométrique.

Le baromètre à balance ainsi construit jouit des propriétés remarquables que nous ne ferons qu'énumérer ici, nous réservant d'y revenir dans ces *Études* ou dans les *Annales du Génie civil* quand nous décrirons ce baromètre tel qu'il a été construit à Florence, en 1859, par le professeur Philippe Cecchi sur la demande du marquis Cosimo Ridolfi, alors ministre de l'instruction publique en Toscane.

L'addition du manchon T à la partie inférieure du tube barométrique communique au baromètre à balance les propriétés suivantes :

1° Le niveau du mercure dans la cuvette est invariable, quelque variables que soient d'ailleurs la pression atmosphérique et l'immersion du tube ;

2° Il permet la multiplication des variations barométriques autant qu'on le désire, car pour cela il suffit de faire varier la différence des diamètres du manchon et de la chambre barométrique ; plus cette différence est petite, plus la multiplication est grande.

Ces diverses propriétés du baromètre à balance ont été démontrées analytiquement par divers physiciens, le professeur J. Antonelli à Florence, le professeur Tito Armellini à Rome, et d'une manière plus complète encore par M. P. Radau, professeur à Paris.

Instruments enregistreurs de la face postérieure B. (Fig. 2, Pl. LXV.)

Nous avons dit que le tableau de la seconde face était destiné à l'enregistration des phénomènes suivants :

1° Les variations de température dans l'air et à l'ombre de deux thermomètres, l'un sec, l'autre humide ;

2° Les heures des précipitations aqueuses;

3° Les oscillations barométriques;

Et que ce tableau, parcourant 5 millimètres par heure, les courbes tracées sur sa surface étaient moins resserrées que les précédentes.

Nous allons étudier d'une manière toute spéciale, dans cette seconde partie, le mécanisme à l'aide duquel s'effectue l'enregistration des variations de la température, le mode d'inscription des autres phénomènes ayant déjà été examiné dans la première partie.

1° Variations de la température.

Le mécanisme à l'aide duquel s'effectue l'enregistration des variations de la température à l'ombre se compose des différentes pièces visibles dans les fig. 1 et 2, mais que nous réunirons dans une seule figure 8, afin de rendre leur solidarité plus facile à saisir.

1° *Un levier triangulaire* YY' (fig. 1 et 2), dont l'axe de rotation est en e. La petite branche eY' est reliée à la pièce g par une tige horizontale x. Sur la grande branche de ce même levier triangulaire en n, se trouve fixée l'extrémité d'un fil d'acier qui, après s'être enroulé sur la gorge d'une poulie N, va s'attacher à un châssis rectangulaire, représenté à une plus grande échelle (fig. 9).

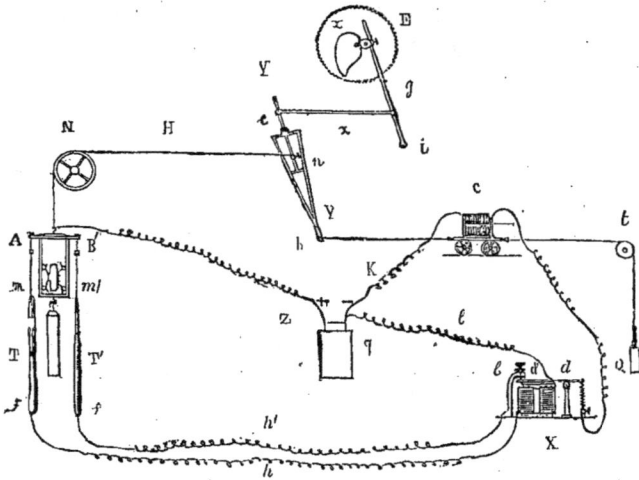

Fig. 8.

L'extrémité inférieure h de ce même levier triangulaire est mise en communication avec un petit chariot c à l'aide d'une tige horizontale et rigide.

Quant à la pièce g dont nous avons parlé plus haut, elle peut tourner autour de son extrémité inférieure i comme centre, et c'est un excentrique x placé sur l'arbre d'une roue E de l'horloge qui détermine le déplacement angulaire dudit levier *g*. Quand le levier *g* est ainsi repoussé par l'excentrique, la petite branche du grand levier triangulaire participe à ce mouvement dans le même sens, tandis que la grande branche s'avance en sens opposé ; le fil métallique H tend donc à laisser descendre tout le système suspendu à son extrémité inférieure.

2° *Un petit chariot* C (fig. 8), dont une extrémité est reliée à la partie inférieure du grand levier triangulaire Y, et dont l'autre extrémité tend à être tirée en sens inverse par le poids Q suspendu à un fil qui passe sur la poulie *t*.

Ce chariot porte un électro-aimant à l'armature duquel est fixée une tige terminée par un crayon *a* qui vient s'appuyer sur le papier quadrillé du tableau quand l'électro attire à lui ladite armature. Ce chariot peut exécuter sur les rails qui supportent ses roues un mouvement rectiligne alternatif de droite à gauche ou de gauche à droite, suivant qu'il est tiré par le levier triangulaire Y, ou qu'il est entraîné par le poids Q.

3° *Un psychromètre et ses accessoires* (fig. 9). Les variations de température dans l'air et à l'ombre sont obtenues à l'aide d'un psychromètre, c'est-à-dire par les indications simultanées d'un thermomètre sec T' et d'un thermomètre T maintenu humide à l'aide d'une mousseline qui l'entoure et sur laquelle le conduit o laisse tomber continuellement de l'eau goutte à goutte.

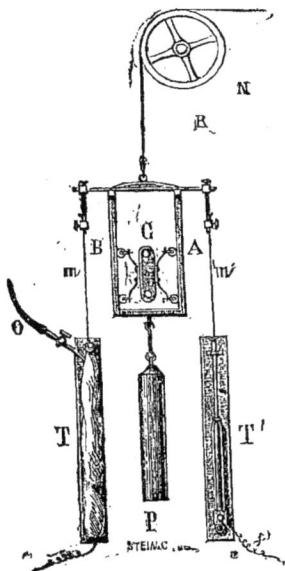

Fig. 9.

Ces deux thermomètres sont ouverts à la partie supérieure, et à leur extrémité inférieure est soudé un fil de platine qui met le mercure du réservoir en communication avec le courant électrique.

Le châssis A B suspendu à l'extrémité du fil métallique H peut se mouvoir verticalement de haut en bas et de bas en haut, en glissant le long de petits galets qui font partie de la pièce C fixée au mur. En outre, ce châssis porte deux fils de platine *mm'* qui entrent dans les tubes capillaires des thermomètres, et peuvent pénétrer jusque dans la colonne de mercure lorsque l'appareil exécute son mouvement de descente.

4° *Un relais translateur* (figures 2 et 8). Ce relais translateur X est destiné à interrompre instantanément le courant qui passe par l'électro-aimant du chariot C, et à prolonger cette interruption pendant tout le temps que le courant passe dans l'électro-aimant du translateur lui-même. Nous verrons plus loin comment on obtient cette interruption.

Jeu de l'appareil.

Tous les quarts d'heure, au moment où le timbre de l'horloge frappe un coup, on voit le chariot C se mettre en marche, tiré par le levier triangulaire YY', et entraîner avec lui le poids Q qui remonte. Le crayon *a* s'avance horizontalement, d'abord sans laisser de trace sur le papier, puis tout à coup il frappe sur ce papier, trace un point et ensuite une ligne continue plus ou moins longue ; il quitte bientôt le papier, s'avance encore pendant quelques instants dans le même sens, et enfin s'arrête.

Aussitôt le poids Q se met à descendre, entraîne le chariot et le crayon en sens inverse ; ce dernier frappe alors une seconde fois sur le papier, repasse sur la ligne qui vient d'être tracée, quitte le papier, et revient à son point de départ.

Pour se rendre facilement compte des causes qui déterminent les mouvements que nous venons de passer en revue, il suffit de jeter les yeux sur la figure 8, qui résume le mécanisme dont nous avons étudié chaque partie en détail ; les développements qui vont suivre se comprendront alors sans difficulté.

Tous les quarts d'heure, la roue solidaire de l'horloge qui porte l'excentrique fait un tour entier, et c'est cette rotation qui détermine les divers mouvements de tout le système. En effet, au moment où le timbre résonne, l'excentrique commence à écarter le levier g, qui tire à lui la petite branche du levier YY', pendant que la grande branche met en mouvement le chariot C et l'entraîne dans la direction opposée. Mais en même temps le système soutenu par le fil métallique H descend avec ses deux fils de platine mm'. Le mercure du thermomètre sec étant toujours plus haut dans le tube capillaire que celui du thermomètre humide, le fil m' plonge le premier dans le métal. Le circuit (ZB'$f'bd$Ck) dont ce thermomètre sec fait partie se trouve alors fermé, et le courant passe dans l'électro-aimant du chariot C ; c'est à ce moment précis que, par suite de l'attraction exercée sur le contact de cet électro, le crayon trace un *point* sur le papier quadrillé.

Le cadre AB continuant à descendre, le fil de platine m' s'enfonce dans le mercure ; le courant continue à passer dans l'électro C, et le crayon entraîné par le chariot trace une ligne non interrompue. Mais, par suite de ce mouvement de descente du cadre AB, il arrive un moment où le fil m touche le mercure du thermomètre mouillé T, et à cet instant le circuit (ZATfhlq) propre à ce second thermomètre et plus court que le précédent, se trouvant fermé (nous verrons plus loin comment), le courant passe par le relai translateur, ce qui interrompt le courant dans l'électro du chariot. Le crayon quitte alors le papier et cesse immédiatement de tracer.

Enfin la roue qui porte l'excentrique ayant fait son tour et la petite branche du levier triangulaire n'étant plus tirée, le chariot s'arrête ; mais alors le poids Q commence à descendre et à entraîner en sens inverse ce chariot, son crayon ainsi que tout le reste du système. Les fils de platine tendent donc à sortir du mercure des thermomètres, et c'est évidemment le fil de platine m, celui du thermomètre mouillé T, qui émerge le premier.

A ce moment, le circuit propre à ce thermomètre T est rouvert, le courant que passait par le translateur est interrompu, tandis que celui de l'électro-aimant du chariot est rétabli ; il en résulte une nouvelle attraction du contact qui fait tracer au crayon un *second point*, de telle sorte que la ligne horizontale se trouve ainsi limitée.

Le poids continuant à descendre, le crayon trace une seconde ligne qui se confond avec la première ; puis, au moment où le fil m émerge du mercure du thermomètre sec, le crayon quitte brusquement le papier par suite de l'interruption du courant dans l'électro du chariot, et il ne fait plus que s'avancer horizontalement, jusqu'à ce que le poids Q ait ramené le chariot à sa position première, où il reste au repos pendant un nouveau quart d'heure, après lequel les phénomènes se reproduisent identiques et dans le même ordre.

Il résulte de ce double mouvement du chariot que la longueur des lignes telles que cd, tracées ainsi tous les quarts d'heure, indique la différence du niveau des deux thermomètres, et que les courbes qui passent par chaque série de points représentent la marche du thermomètre sec et celle du thermomètre mouillé. (Voir fig. 3, Pl. LXV.)

On comprend qu'à l'aide de ces indications il soit facile d'en déduire le degré hygrométrique de l'air, en se servant de la formule de M. Régnault :

$$x = f - \frac{0,429\,(t - t')}{610 - t'}\,h$$

dans laquelle on a :

t, température de l'air ambiant donnée par le thermomètre sec ;

t', température indiquée par le thermomètre mouillé ;

f', force élastique de la vapeur d'eau à saturation pour la température t'

h, la hauteur du baromètre ;

x, la tension de la vapeur d'eau contenue dans l'air au moment de l'expérience.

Pour obtenir la fraction de saturation ou l'humidité relative, il faut diviser x par F, pression de la vapeur d'eau à saturation, à la température t, donnée par le thermomètre sec, ce qui donne la formule :

$$y = \frac{x}{F}$$

y représentant la fraction de saturation ou le degré hygrométrique.

De l'interruption du courant par le translateur.

Quant à l'interruption du courant dans l'électro-aimant du chariot à l'aide du relai translateur, la figure 8 permet de s'en rendre compte facilement. En effet, tant que le circuit, dont le thermomètre humide T fait partie, reste ouvert, le courant qui se rend à l'électro-aimant du chariot passe par le circuit métallique $bd'd$ du relai translateur ; quand, au contraire, le circuit du thermomètre humide vient à être fermé, le courant passe par l'électro du relai : la pièce de contact dd' est alors attirée, le circuit métallique bdd' est interrompu, et le courant circule dans le nouveau circuit sans passer par l'électro du chariot.

2° Indication des heures des précipitations aqueuses.

Tout ce que nous avons dit à ce sujet, page 317, est applicable ici ; nous n'y reviendrons donc pas.

3° Indication des oscillations barométriques.

Nous avons dit en commençant que les courbes barométriques étaient dessinées sur les deux tableaux à la fois ; seulement, le second tableau parcourant 5 millimètres par heure, au lieu de 1mm,5 parcouru par le premier, il en résulte que les oscillations du baromètre se trouvent dessinées à une plus grande échelle sur cette seconde face. On peut en juger en comparant les deux tableaux de la figure 3, Pl. LXV.

Feuilles d'enregistrement. (Fig. 3, Pl. LXV.)

Comme nous l'avons fait pour l'appareil météorographique précédemment décrit, nous donnons ici, à une échelle réduite, un spécimen des courbes tracées sur les feuilles d'enregistrement de la machine du R. P. Secchi.

No 1. *Feuille du tableau de la face A.*

TERMOMETRO METALLICO.. { Courbe indiquant les variations de la température du fil de cuivre exposé au soleil.

VELOCITA DEL VENTO..... { Ordonnées, dont la longueur est proportionnelle à la vitesse du vent pendant une heure.

BAROMETRO............. Courbe des oscillations barométriques.

POGGIA............... Heure des précipitations aqueuses.

N. S. E. O .... Direction du vent pendant la journée.

No 2. *Feuille du tableau de la face B.*

PSICROMETRO .... { Courbes des variations de la température du thermomètre sec et du thermomètre humide. AB therm. sec; FE therm. humide.

BAROMETRO............ Courbe des oscillations barométriques.

POGGIA............... Heure des précipitations aqueuses.

Des piles.

Les piles qui fournissent au météorographe du R. P. Secchi l'électricité nécessaire sont des piles de Daniell notablement modifiées; nous reproduisons ici la description que M. du Moncel en a faite dans le cinquième fascicule de ces *Études*, page 405.

« Dans cette pile le sulfate de cuivre occupe le fond du vase, et l'électrode positif est terminé inférieurement par un cylindre de cuivre déchiqueté en larges dents; une rondelle de flanelle est posée sur cette couche de sulfate et supporte une couche de sable, puis vient le cylindre de zinc, appuyé lui-même sur cette couche de sable et entouré de sable et de liquide jusqu'à la partie supérieure du vase. »

D'après le R. P. Secchi, cette pile peut rester chargée pendant plus de six mois, sans qu'on ait autre chose à faire que d'y ajouter quelques gouttes d'eau, quand e niveau de la solution est descendu trop bas.

Tel est dans son ensemble l'appareil météorographique exposé par le R. P. Secchi et qui a valu au savant directeur de l'Observatoire du collège romain une grande médaille d'or.

Les divers instruments qui composent cette machine ne sont pas tous, il est vrai, de l'invention du R. P. Secchi, qui, comme l'indique M. Radau dans ses études physiques sur l'Exposition universelle, s'est beaucoup inspiré des travaux de ses devanciers. Mais, si le thermomètre métallique a été imaginé par Kreil, le baromètre à balance par Samuel Morland, l'anémométrographe par M. du Moncel et d'autres, le thermographe par Wheatstone, etc., on ne saurait se refuser à reconnaître, d'autre part, que le R. P. Secchi a su tirer un excellent parti des données précédemment acquises à la science, et que cet appareil est une machine vraiment très-ingénieuse dans laquelle les divers enregistreurs sont admirablement combinés de manière que toutes les enregistrations puissent s'effectuer simultanément sur deux tableaux.

Nous avons suivi la marche de cet instrument depuis l'ouverture de l'Exposition, et nous avons constaté qu'à partir du commencement de juin, époque à laquelle il a été possible de surmonter toutes les difficultés d'installation, la machine n'a cessé de fonctionner régulièrement.

Les courbes tracées sur les deux tableaux mobiles, et dont nous avons donné un spécimen fig. 3, pl. LXV, parlent parfaitement aux yeux et permettent d'embrasser rapidement les divers phénomènes météorologiques de la journée et de les comparer entre eux.

Le 2 septembre 1867, le R. P. Secchi, en mettant sous les yeux de l'Académie quelques tableaux de courbes fournies par son météorographe, disait :

« La sensibilité de l'appareil et sa précision sont de nature à pouvoir être appréciées par l'Académie. La double période diurne du baromètre y est très-bien constaté dans les belles journées, et cette même période se trouve toujours manifestée, même pendant les plus grandes vagues qui se propagent à travers l'Europe et pendant les bourrasques.

« Il permet encore de constater la période diurne du vent qui, à Paris, est essentiellement différente de celle de Rome. La proximité de la mer, à Rome, donne naissance à une double période, pendant qu'à Paris, qui est plus avancé dans le continent, on a une période simple. Cette période se manifeste encore dans les jours de bourrasques et de renforcement des vents soutenus; son maximum est dans l'après-midi, de deux à trois heures, le minimum vient un peu après minuit.

« De plus, la sensibilité du barographe a mis en évidence un fait qui avait échappé jusqu'ici aux météorologistes, je veux dire les courtes variations de pression atmosphérique qui accompagnent les averses de pluies : elles sont dues sans doute au refroidissement rapide produit dans une région limitée par les orages et les chûtes soudaines de pluies.

« Enfin, je ferai observer que le lien de tous les phénomènes météorologiques apparaît si clairement dans les feuilles obtenues avec mon météographe, qu'il suffit d'en connaître un d'une manière parfaite pour deviner tous les autres. »

Les lignes qui précèdent démontrent que ce sont les appareils enregistreurs, du genre de ceux décrits dans ces deux premiers articles, qui sont appelés à faire avancer la météorologie dans la voie du progrès; les meilleurs sont évidemment ceux propres à fournir des indications automatiques et continues tout à la fois, mais malheureusement ces instruments sont actuellement d'un prix si élevé, que les observatoires de premier ordre peuvent seuls y atteindre.

Faisons donc des vœux pour que les grands établissements scientifiques dans lesquels on étudie les problèmes encore si obscurs de la météorologie soient dotés de semblables appareils, car ce n'est qu'à l'aide d'observations faites sans interruption, nuit et jour, par des machines, que l'on peut espérer arriver à la connaissance des grandes lois qui régissent les météores.

Dans un troisième article, nous continuerons l'examen des appareils enregistreurs qui figurent à l'Exposition universelle.

A. POURIAU.

Paris. — Imprimerie de P.-A BOURDIER, CAPIOMONT fils et Cie, rue des Poitevins, 6.

IMPRIMEURS DE LA SOCIÉTÉ DES INGÉNIEURS CIVILS.

www.ingramcontent.com/pod-product-compliance
Lightning Source LLC
Chambersburg PA
CBHW050421210326
41520CB00020B/6690